BEI GRIN MACHT SICH IHR WISSEN BEZAHLT

- Wir veröffentlichen Ihre Hausarbeit, Bachelor- und Masterarbeit

- Ihr eigenes eBook und Buch - weltweit in allen wichtigen Shops

- Verdienen Sie an jedem Verkauf

Jetzt bei www.GRIN.com hochladen und kostenlos publizieren

Bibliografische Information der Deutschen Nationalbibliothek:

Die Deutsche Bibliothek verzeichnet diese Publikation in der Deutschen National-
bibliografie; detaillierte bibliografische Daten sind im Internet über http://dnb.d-
nb.de/ abrufbar.

Impressum:

Copyright © 2018 GRIN Verlag
Druck und Bindung: Books on Demand GmbH, Norderstedt Germany
ISBN: 9783668725294

Dieses Buch bei GRIN:

https://www.grin.com/document/426981

Alexander Rehm, Leonard Rehm

Schallwellenanalyse des Sounds professioneller TenorsaxophonspielerInnen. Teil 1

Akustische Komponenten der Schallwelle, die vom Spieler generiert und reguliert werden und den Sound beeinflussen

GRIN Verlag

Schallwellenanalyse des Sounds professioneller TenorsaxophonspielerInnen – Teil 1

(Sonic wave components generated and regulated by the player which affect the sound – Part 1)

Autoren: Dr. Alexander M. Rehm; Leonard A. Rehm / Germany

Teil 1: Akustische Komponenten der Schallwelle, die vom Spieler generiert und reguliert werden und den Sound beeinflussen (Part 1: Sonic wave components generated and regulated by the player which affect the sound)

Zusammenfassung

Die von einem Tenorsaxophonspieler oder einer Tenorsaxophonspielerin[1] bei verschiedenen „Tonhöhenvorgaben" (Frequenz des Grundtons) und „Soundvorgaben" (Art des Sounds wie z.B. Kern/Voll- oder Subtone) erzeugten Schallwellen wurden aufgenommen und mittels Fourieranalyse als frequenzabhängige Intensitätsspektren (dB-Spektren) dargestellt. Durch Vermessung, Analyse und Vergleich der Intensitätsspektren können drei verschiedene und wesentliche Komponenten bestimmt werden, die (bei unverändertem Hardware-Set-up wie Saxophon, Mundstück, Reed) „Sound-bestimmend" sein können und die vom Spieler erzeugten Schallwellen frequenzabhängig charakterisieren: 1) Intensität des Grundtons sowie die „Abklingfunktion bzw. Dämpfungsfunktion" der Intensität der Obertöne; 2) Ausprägung von Formanten (bzw. Formantenbändern) über den hörbaren Frequenzbereich – entspricht dem „Formantenspektrum"; 3) Generierung von spezifischen „Rauschenspektren". Bei unterschiedlichen Tonhöhen aber gleichen Soundvorgaben zeigt sich, dass alle drei Komponenten sowohl in ihrer Qualität als auch in der Ausprägung von einem professionellen Spieler weitgehend konstant gehalten werden können, so dass er über einen breiten Frequenzbereich „seinen spezifischen Sound" konstant erklingen lassen kann. Bei Laienspielern ist zu beobachten, dass die Ausprägung von Formanten bei Tonhöhenveränderungen und besonders bei Oktavsprüngen deutlich schwankt, der Sound somit bei Laienspielern auch weniger stabil und konstant über das gesamte Register erscheint. Bei veränderter Soundvorgabe, so z.B. bei einem Wechsel des Sounds vom Kern-/Vollton zum Subtone im tiefen Register des Tenorsaxophones (bei professionellen Saxophonspielern), lassen sich deutliche Veränderungen in den korrespondierenden Intensitäts-spektren erkennen, wobei hierbei sowohl die „Formantenspektren" (= Verstärkte Resonanzen bei definierten Frequenzbereichen) als auch die spezifischen „Rauschenspektren" vom Spieler aktiv und signifikant verändert werden. Beim Wechsel vom Kern- zum Subtone erzeugt der Spieler ein Rauschenspektrum, welches sowohl bzgl. der „dB-Intensität" als auch bzgl. der „frequenzabhängigen Ausprägung" (Subtone = Kuppelrauschen) Unterschiede zu dem Rauschspektrum des Kerntons (=„rosa-artiges Rauschen") aufweist. Beim Wechsel vom Kern- zum Subtone erfahren die korrespondierenden Formantenspektren eine deutliche Veränderung im Frequenzbereich von 2.000-8.000 Hz. Alle Formantenbänder in diesem Frequenzbereich verlieren beim Wechsel von Kern- zum Subtone an Intensität. Diese Daten zeigen, dass der von einem Tenorsaxophonspieler generierte Sound als Summe von drei wesentlichen akustischen-Komponenten interpretiert werden kann. Ein professioneller Tenorsaxophonspieler ist in der Lage, diese drei akustischen Komponenten individuell auszuprägen und durch aktive Kontrolle und Justierung dieser Komponenten, unterschiedliche Soundarten zu erzeugen.

---

[1] Zukünftig nur „-spieler" genannt.

Summary (English)

Sonic waves generated by tenor sax-professionals (Pros) playing different pitches (frequencies) and expressing different sound characteristics (e.g. subtone vs. fulltone) have been recorded and, by using Fourier-analysis, have been turned into intensity-spectra (dB-spectra) covering a frequency range of 0-10.000 Hz. Detailed measurement of various parameters of the intensity-spectra allows to define three acoustic components which are independent from the "hardware setup" (e.g. saxophone, mouthpiece, reed), but are generated and controlled by the player: 1) Level of intensity of the base-tone as well as the overtones; 2) Pronouncing of "formants" (areas of strong resonance) or "formant-bands" within the range of 0-10.000 Hz; 3) Generating specific "noise-spectra". To create its "personal desired sound" a professional player is able, to keep all these three acoustic components in terms of quality and quantity very stable and nearly unchanged over a wide frequency range. Whereas non-professional players (NonPros) show massive changes of these acoustic parameters when they play over a wide frequency range – this corresponds with the hearing-impression of a less bright and consistent sound of NonPros vs. Pros. If professional tenor sax players change their sound at a certain pitch in the lower register from full to subtone, significant differences in the intensity spectra of full and subtone can be detected which indicate that massive changes in the expression of formant bands as well as the noise spectrum have been induced by the player. Changing from full to subtone results in a "noise spectrum" with higher overall intensity and also the curve of the noise spectrum changes and exhibits the shape of a "dome" rather than a linear decreasing function (at the full tone). By changing from sub- to full tone (or vice versa) the expression of the corresponding formant bands (= strength of resonance) in the range of 2.000-8.000 Hz change massively. At the subtone all formant bands in this frequency range are substantially depressed compared to the level at the full tone. This study demonstrates that the generated sound of a professional tenor sax player can be interpreted as a combination of three major acoustic components which can be identified, classified and quantified. A professional tenor sax player is able to express those three acoustic components individually and has the capability to control, adjust and adapt these acoustic components in an active way in order to modulate the sound of his play.

Einleitung

Der Sound eines professionellen Tenorsaxophonspielers oder einer professionellen Tenorsaxophon-spielerin[2] ist oftmals „das Markenzeichen eines Spielers", so dass erfahrene Hörer, allein auf Basis einer Tonaufnahme, einen Spieler eindeutig erkennen können; ähnlich wie dies bei bekannten Sängern/Sängerinnen der Fall ist.

Bei Sängern/Innen weiß man, das die Ausprägung der Formanten (Formantenbänder) eine wesentliche Bedeutung für das Volumen und die Stimmfarbe des Sängers hat. Man kann davon ausgehen, dass auch bei einem Saxophonspieler die Lage und Ausprägung von Formanten eine hohe Bedeutung für die Ausprägung des spezifischen Sounds haben. Hinzu kommt, dass ein Saxophonspieler durch die Wahl seiner Hardware (auch Set-up genannt), also durch das Saxophon, den S-Bogen, die Art der Polster, das Mundstück und durch das Blättchen, Einfluss auf den Sound nehmen kann. Der Einfluss des Set-up auf den Sound ist nicht Gegenstand dieser Untersuchung, weshalb das jeweilige Set-up eines Spielers bei dieser Studie unverändert blieb und damit dessen Einfluss auf den Sound für jeden Spieler in diesen Untersuchungen als konstant angenommen wird.

Mit dieser Studie wird der Versuch gemacht, physikalisch-akustische Komponenten zu identifizieren und zu messen, die die vom Tenorsaxophonspieler erzeugten Schallwellen charakterisieren und für

---

[2] Zukünftig nur „-spieler" genannt.

den Sound des Spielers mitbestimmend sind. Dabei wird davon ausgegangen, dass es zwar Unterschiede in der Ausprägung der einzelnen, den Sound bestimmenden, akustischen Parameter zwischen einzelnen Spielern geben kann, dass es aber generelle Übereinstimmungen gibt, welche akustischen Komponenten der Schallwellen von den Saxophonspielern erzeugt bzw. verändert werden, und wie diese damit den Sound generieren und kontrollieren.

Material & Methoden

Professionelle Saxophonspieler haben auf Basis eines Spielplans, bei dem Tonhöhen, gefühlte Lautstärke und „generelle Soundvorgaben" definiert wurden, Töne von mindestens 2 Sekunden eingespielt. Die Aufnahmen erfolgten mit einem Rode NT5 Mikrophon mit 48V Phantomspannung unter Verwendung eines Behringer Mischpults und wurden in Mixcraft Pro 8.0 als WAV-Dateien abgespeichert. Das NT5 Rode wurde ausgewählt, da die Sensitivität dieses Mikrophones in dem betrachteten Frequenzbereich von 100-10.000 Hz extrem ausgeglichen ist und in diesem Bereich nur um 1% schwankt, so dass mögliche Mikrophon-Artefakte der Messergebnisse zu vernachlässigen sind. Die Entfernung zwischen Mikrophon und Saxophon betrug ca. 80-100 cm und blieb konstant während der Aufnahmen. Das Mikrophon wurde mit Richtung zum Saxophon auf einer Höhe platziert, die der Mitte zwischen S-Bogen und Ende des Schallbechers entsprach. Der Aufnahmepegel wurde so eingestellt, dass das Aufnahmesignal im idealen Intensitätsbereich lag und keine Übersteuerungen auftraten.

Die erzeugten WAV-Dateien wurden in dem Softwareprogramm „Praat" (für Details siehe: http://www.fon.hum.uva.nl/praat/) analysiert und es wurden frequenzabhängige Intensitätsspektren über Praat erstellt und vermessen[3]. Dabei wurde der Frequenzbereich von 0-10.000 Hz analysiert, da dies dem größten Teil des „hörbaren Frequenzbereichs" entspricht. Diese Spektren dienten als Grundlage für die Identifikation und Quantifizierung der akustischen-Schallkomponenten eines Tons sowie der Darstellung von Formanten in spezifischen Formantenspektren. Veränderungen in den Spektren der Schallkomponenten in Abhängigkeit von der Tonhöhen- und Soundqualität konnten aus diesen Analysen durch einfache mathematische Operationen abgeleitet werden.

Ergebnisse (Abbildungen siehe „Katalog der Abbildungen")

Frequenzabhängige Intensitätsspektren (Darstellung der Intensität (dB) des Grundtons, der Obertöne und des Rauschens) von einzelnen Tönen, die von einem Saxophonspieler erzeugt werden, haben einen charakteristischen bzw. typischen Aufbau (siehe dazu Abb. 1a und 1b). Die jeweilige Grundfrequenz des Tons zeigt eine sehr hohe Intensität. Bei Tönen aus dem hohen Register ist die Intensität der Grundfrequenz meist höher als die Intensität der Obertöne, bei Tönen aus dem tiefen Register ist zu beobachten, dass sehr oft der 1. oder 2. Oberton die höchste Intensität aufweist. Zu höheren Frequenzen nimmt die Intensität der Obertöne generell ab (Abklingen/Dämpfung der Intensität). Die Spektren zeigen jedoch kein gleichmäßiges Abklingen der Intensitäten der Obertöne zu höheren Frequenzen. Vielmehr sind Obertöne bzw. Gruppen von direkt benachbarten Obertönen erkennbar, die weniger stark gegenüber der Intensität der Grundfrequenz abfallen bzw. solche, die deutlich reduzierte Intensitäten aufweisen und damit stärker gedämpft erscheinen. Gruppen von Obertönen, die gegenüber benachbarten Obertönen weniger stark gedämpft erscheinen, weisen auf „Formanten" bzw. „Formantenbänder" als Ursache für diese Effekte hin und müssen als eine

---

[3] Die Funktionen von Praat, Formanten zu bestimmen, wurden im Rahmen dieser Studie evaluiert. Jedoch zeigte sich für Saxophontöne keine hinreichende Präzision der Formantenbestimmung in Praat.

„verstärkte Resonanz" in diesen Frequenzbereichen verstanden werden. Neben der Grundfrequenz und den Obertönen ist in den Intensitätsspektren ein allgemeines Rauschen erkennbar, welches eine frequenzabhängige Intensität zeigt. Dabei zeigt sich als generelles Phänomen, dass die Intensität des Rauschens zu höheren Frequenzen hin abnimmt.

Vergleicht man das Intensitätsspektrum eines Saxophonspielers, der ein tiefes D mit der Soundvorgabe „Voll- bzw. Kernton" spielt (Abb. 1a) mit dem Spektrum eines tiefen D mit der Soundvorgabe „Subtone" des gleichen Spielers (Abb. 2), so zeigen sich deutliche Unterschiede in den jeweiligen Spektren, sowohl in der Intensitätsausprägung der Obertöne als auch in der frequenzabhängigen Intensität des Rauschens.

Vermisst man die Spektren in Bezug auf die Intensität der Grundfrequenz, der Obertöne und des Rauschens, so kann man daraus Intensitätsspektren des „Tons ohne Spielerrauschen" (Ton ohne SpR) und des vom Spieler erzeugten „Rauschens" (SpR) ableiten (siehe Abb. 3). Unter der Annahme, dass die generelle Dämpfung der Obertöne der Funktion einer klassischen Abklingfunktion entspricht, kann die korrespondierende Abklingfunktion kalkuliert und vom gemessenen Intensitätsspektrum des „Ton ohne SpR" in Abzug gebracht werden. Das resultierende Spektrum stellt das „Formantenspektrum dieses Tons" dar und bildet die positiven Resonanzfrequenzen (Frequenzen die verstärkt werden) ab. Durch Normierung auf den maximalen Intensitätswert des Formantenspektrums erhält man ein „normiertes Formanten-Spektrum" des Tons ohne SpR. (Abb. 4). Die Ausprägung des Formanten-spektrums lässt mehrere Formantenbänder (Frequenzbereiche mit deutlich positiver Resonanz) mit ihren jeweiligen Maxima erkennen. So können im Frequenzbereich von 0-10.000 Hz bei einem Saxophonspieler z.T. mehr als 7 klar abgegrenzte und ausgeprägte Formantenbänder identifiziert werden (siehe Abb. 5). Die Bezeichnung der Formantenbänder orientiert sich an dem Frequenzbereich, in dem das Maximum des jeweiligen Formantenbandes liegt. So wird ein Formantenband mit einem Maximum zwischen 1000-1999 Hz in der Regel mit F1 und ein Formantenband mit einem Maximum im Bereich von 6000-6999 Hz mit F6 genannt. Diese Nomenklatur ist willkürlich und dient nur dazu, die Erkennbarkeit und Darstellbarkeit von Formantenbändern zu erleichtern bzw. zu vereinheitlichen.

Formantenspektren professioneller Tenorsaxophonspieler weisen deutlich mehr und stärker ausgeprägte Formantenbänder über den Frequenzbereich von 0-10.000 Hz auf, als Formantenspektren von Laienspielern (ohne Abbildung).

Formantenspektren von benachbarten Tönen (Ganz- oder Halbtondifferenz), die mit gleicher Lautstärke und gleicher Soundvorgabe von einem Spieler erzeugt werden, zeigen sehr große Ähnlichkeiten sowohl in der Zahl und Lage der Formantenbänder wie auch in der Resonanzintensität der Formanten. Dies drückt sich in sehr ähnlichen Werten für die Maxima der Formantenbänder in den normierten Formantenspektren benachbarter Töne aus (Abb. 6a). Die Formantenspektren von Tönen die eine Oktave und eine weitere Quinte voneinander entfernt liegen (bedeutet eine jeweilige Verdoppelung der Frequenz des Grundtons) sind bei professionellen Spielern ebenfalls sehr ähnlich (siehe Abb. 6b), wobei die Unterschiede der Formantenspektren bei großen Tondifferenzen etwas größer ausfallen als bei Formantenspektren von eng benachbarten Tönen.

Die Analyse der Intensitätsspektren von Tönen, die mit unterschiedlichen Soundvorgaben (Kern-/Vollton vs. Subtone) gespielt werden, ermöglicht die Darstellung von drei distinkten Komponenten, aus denen ein Intensitätsspektrum zusammengesetzt wird: 1 die Abkling-/Dämpfungsfunktion der Obertöne mit der Dämpfungskonstante „D"; 2. die Ausbildung der Formantenbänder; 3. die Generierung von frequenzabhängigem „Spielerrauschen" (SpR) unterschiedlicher Intensität.

In Abb. 7 sind Intensitätsspektren für ein tiefes D aus den 3 akustischen Komponenten zusammengesetzt worden (Simulation) – dies gilt für den Kern-/Vollton (Abb. 7a) bzw. für den Subtone (Abb. 7b).[4]

Die hohe Übereinstimmung der gemessenen Intensitätsspektren des Subtones und des Kerntons mit den „simulierten Spektren", die sich aus den drei akustischen Komponenten zusammensetzen lassen, wird in Abb. 8a und 8b deutlich. Obwohl die Intensitätsspektren des Kern- und Subtones deutliche qualitative und quantitative Unterschiede aufweisen, ist es möglich mit hoher Präzision diese Intensitätsspektren als Summe der drei akustischen Komponenten zu simulieren. Dabei weisen alle drei akustischen Komponenten, die zum jeweiligen Intensitätsspektrum eines Tons beitragen, qualitative Unterschiede zwischen dem Kern- und Subtone auf. Dies weist darauf hin, dass der Saxophonspieler diese Komponenten aktiv verändert, um den Soundvorgaben zu entsprechen.

So wandelt sich das Rauschenspektrum von einer tendenziell eher linearen Funktion im Bereich von 0- 10.000 Hz beim Kernton (ähnlich einem „rosa Rauschen"), zu einer „Kuppelfunktion" im Frequenzbereich von 1500-10.000Hz beim Subtone. Die jeweils simulierte Abklingfunktion der Obertonreihe weist bei dem Subtone einen geringeren Wert für die Dämpfungskonstante „D" auf als beim Kernton. D.h. dass die Obertöne beim Subtone zu höheren Frequenzen hin geringer gedämpft werden als beim Kernton.

Nach Bereinigung des jeweiligen Spielerrauschens (SpR) zeigen die normierten Formantenspektren der gleichen Grundfrequenz bzw. des gleichen Tons bei unterschiedlichen Soundvorgaben (Kernton vs. Subtone) deutliche Unterschiede auf (Abb. 9). Generell zeigen die normierten Formantenspektren eines tiefen Kerntons deutlich höhere Maximalwerte als die Formantenspektren der entsprechenden Subtones und dies betrifft besonders Formantenbänder im Frequenzbereich von 2000-8000 Hz. Berechnet man für die gleiche Grundfrequenz (same pitch) das Differenzspektrum der normierten Formantenspektren von Kern- und Subtone (siehe Abb. 10) so wird deutlich, dass die bekannten Formantenbänder F2-F6 beim Kernton deutlich kräftiger ausgeprägt werden als beim Subtone.

Interpretation und Diskussion der Ergebnisse:

Werden von professionellen Tenorsaxophonisten gespielte Töne aufgezeichnet und mit Hilfe der Software „Praat" analysiert und vermessen, so können präzise dB-Intensitätsspektren für jeden gespielten und aufgenommenen Ton erstellt werden, die sowohl die Obertöne als auch das vom Spieler generierte Rauschen hinlänglich genau darstellen.[5]

Man kann generell davon ausgehen, dass sowohl das vom Spieler erzeugte Obertonspektrum als auch sein Rauschenspektrum eine große Bedeutung für die Soundausprägung des Spielers haben. Hinweise, dass das vom Spieler generierte Obertonspektrum sowie das Rauschenspektrum Veränderungen erfahren, wenn der Spieler vom Kern-/Vollton zum Subtone wechselt, zeigen sich bereits bei der differenzierten Betrachtung von entsprechenden Intensitätsspektren eines Tenorsaxophons bei P. Thomas(ref. 1). Allerdings wurden zu den dort gezeigten Spektren keine weiteren Analysen oder Bewertungen vorgenommen.

---

[4] Die Bestimmung der korrekten Intensitätswerte für das „Spielerrauschen" scheint bei hohen Intensitäten der Obertöne limitiert bzw. mit einer recht hohen Fehlerwahrscheinlichkeit behaftet zu sein. Dies bedeutet, dass Intensitätswerte des Rauschenspektrums im Bereich der Obertöne mit der höchsten Intensität und damit im Bereich von 0-1500 Hz eine geringe Genauigkeit und Aussagekraft besitzen.

[5] Es ist zu berücksichtigen, dass bei sehr hohen Intensitätswerten (dB-Werten) der Grundfrequenz und der Obertöne eine genaue Bestimmung des vom Spieler erzeugten Rauschens eingeschränkt scheint – dies gilt somit besonders für einen Frequenzbereich von 0-1500 Hz.

Generell gibt es eine Vielzahl von Belegen, die beschreiben, dass die Ausprägung von Formanten bzw. Formantenbändern eine wesentliche Rolle für den Sound bzw. die Klangfarbe von Holzblasinstrumenten und somit auch für den Sound des Tenorsaxophonspielers spielen (ref. 2-5). In dieser Untersuchung wurde deutlich, dass professionelle Tenorsaxophonspieler sehr ausgeprägte Formanten über einen großen Frequenzbereich von 500-10.000 Hz erzeugen können (siehe Abb. 4-6). Die starke Ausprägung von Formantenbändern über diesen großen Frequenzbereich ist ein klares Merkmal für einen professionellen Tenorsaxophonspieler. Laien- bzw. Hobbyspieler zeigen Formantenspektren mit deutlich weniger distinkten Formantenbändern und auch die Intensität bzw. Stärke der Formantenbänder, und damit die Resonanz in den entsprechenden Frequenzbereichen, fallen beim Laienspieler deutlich geringer aus als beim professionellen Spieler. Dies legt den Schluss nahe, dass die Vielzahl und die Intensität der Formantenbänder eines professionellen Tenorsaxophonspielers ursächlich dafür verantwortlich sind, dass ein Zuhörer den Sound eines professionellen Spielers als „voll und kräftig" empfindet, während er den Sound eines Laienspielers, der eine geringere Zahl und weniger ausgeprägte Formantenbänder generiert, als „weniger voll und weniger kräftig" wahrnimmt.

In den Formantenspektren professioneller Tenorsaxophonspieler lassen sich verschiedene Formantenbänder erkennen, die im Frequenzbereich von 1000-8000 Hz deutliche Maxima zeigen und entsprechend als „F(n)" klassifiziert werden (siehe Abb. 2, 4, 5). Die Tatsache, dass bei einem Tenorsaxophonspieler die normierten Formantenspektren sowohl von benachbarten Tönen (Ganz- oder Halbtonschritte) als auch von Tönen mit Differenzen von einer Oktave oder einer Duodezime eine hohe Übereinstimmung in Bezug auf Lage und Höhe der Maxima der Formantenbänder zeigen (siehe dazu Abb. 6a, 6b) lässt den Schluss zu, dass der Spieler in der Lage ist, die Resonanzen und damit die Formantenbänder in sehr ähnlicher Weise bei Tönen über einen großen Frequenz- bzw. Tonhöhenbereich zu erzeugen bzw. auszuprägen(siehe dazu Abb. 6).

Diese Untersuchung zeigt auf, dass Intensitätsspektren von auf dem Tenorsaxophon gespielten Tönen mit hoher Präzision simuliert werden können, wenn folgende akustische Komponenten als bestimmende Parameter eines Intensitätsspektrums angenommen bzw. definiert werden:

1. Eine frequenzabhängige Abklingfunktion der Obertöne mit einer korrespondierenden Abkling- bzw. Dämpfungskonstante „D".

2. Ein vom Spieler erzeugtes Rauschenspektrum (SpR), welches spezifische Charakteristika zeigt.

3. Ein Formantenspektrum, welches die vom Spieler erzeugten frequenzabhängigen Bereiche mit verstärkter Resonanz beschreibt.

Die hohe Simulationspräzision von Intensitätsspektren durch Kombination der drei akustischen Komponenten legt den Schluss nahe, dass diese drei Komponenten die wesentlichen Parameter definieren, die für die Ausprägung des Intensitätsspektrums eines Tons verantwortlich sind und damit auch Einfluss auf den Sound dieses Tons ausüben.

Damit sollte es möglich sein, Tonaufnahmen bzw. Intensitätsspektren von Saxophonspielern mit unterschiedlichen Vorgaben bzgl. Tonhöhe, Lautstärke und Sound auf die Ausprägung der drei akustischen Komponenten hin zu analysieren, um etwaige Unterschiede bei diesen drei Komponenten in Abhängigkeit von den Vorgaben zu erkennen – dies gilt sowohl für den einzelnen Spieler als auch im Vergleich unterschiedlicher Spieler. Dies wird Gegenstand weiterer Untersuchungen sein.

Bei den hier dargestellten Ergebnissen zeigen sich konkrete Änderungen bei jeder der drei Komponenten, wenn der Spieler bei nahezu gleicher Lautstärke vom Kern- in den Subtone wechselt.

Bei Wechsel auf den Subtone zeigt sich bzgl. der Dämpfungskonstante der Abklingfunktion (die sich aus der Tonsimulation ableiten lässt) eine leichte Tendenz zu kleineren Werten (dies bedeutet, eine geringere Dämpfung), während das normierte Formantenspektrum im Frequenzbereich von 2000-8000 Hz an Intensität deutlich abnimmt. Gleichermaßen bildet sich im Rauschenspektrum ein für den Subtone typisches „Kuppelrauschen" im gleichen Frequenzbereich heraus; dies ist beim Kernton so nicht erkennbar. Die beiden letzteren gegenläufigen Phänomene könnten damit erklärt werden, dass beim Wechsel vom Kern- auf den Subtone der Saxophonspieler einen größeren Teil der „Blas- bzw. Luftenergie" durch aktive Justierungen seiner persönlichen Hardware (Lippenspannung, Ansatz, Einstellung des Mund- und Rachenraums etc.) nutzt, um ein spezifisches, stärkeres Rauschen (Kuppelrauschen zwischen 2000-8000 Hz) zu erzeugen und er damit weniger Energie für die Erzeugung einer Resonanz im gleichen Frequenzbereich einsetzt, was mit der beobachteten generellen Erniedrigung des Formantenspektrum in diesem Frequenzbereich korrespondiert. Die beobachtete Tendenz der Absenkung der kalkulierten Dämpfungskonstante beim Wechsel vom Kern- auf den Subtone ist damit nicht erklärbar. Hierzu, wie auch zu der genaueren Bestimmung und Steuerung des Spielerrauschens durch den Tenorsaxophonisten und der Bedeutung dieses Spielerrauschens für die Soundgenerierung durch den Spieler, sind weitere Untersuchungen notwendig.

Generell zeigt diese Studie, dass der Sound eines Saxophonspielers von verschiedenen Komponenten bestimmt wird, die durch entsprechende Messungen und Analysen hinlänglich genau beschrieben werden können und dass gerade professionelle Saxophonspieler in der Lage sind, diese Komponenten aktiv auszubilden, zu kontrollieren und zu justieren, um „ihren bzw. einen angestrebten Sound" ihres Tenorsaxophonspiels zu erzeugen. Wie weit die Fähigkeiten professioneller Saxophonspieler ausgeprägt sind, die „Sound-bestimmenden akustischen Komponenten" zu generieren und zu modulieren, sollen weitere Untersuchungen zeigen.

References

1) https://tamingthesaxophone.com/saxophone-subtone by Pete Thomas

2) J. Kergomard et.al.; TECNIACUSTICA 2013; pp.1209-1216, Valladolid; Spain; <hal-01309204>

3) S. Günther; Zur Klangfarbe historischer und moderner Orchesterinstrumente. Eine Analyse anhand signalbezogener, akustischer Deskriptoren; Magisterarbeit an der Technischen Universität Berlin, Fakultät I; Institut für Sprache und Kommunikation; Fachgebiet Audiokommunikation, Abgabedatum: 6.8.2012

4) A. Nykänen; 2004:70/ ISSN: 1402-1757/ ISRN: LTU-LIC—04/70—SE

5) F. Fransson; Quartely progress & status report; journal: STL-QPSR; vol. 8,Nr. 1; 1967; pp. 25-27

Katalog der Abbildungen

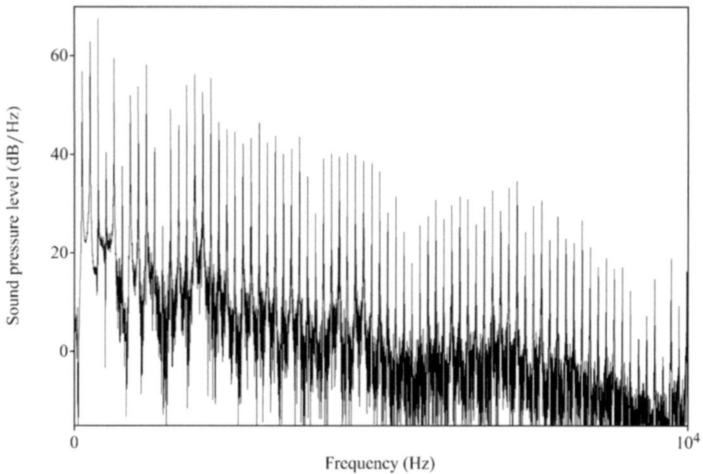

Abbildung 1a:
Intensitätsspektrum (dB) des Kerntons „tief D" (C3) auf dem Tenorsaxophon (aus Praat)

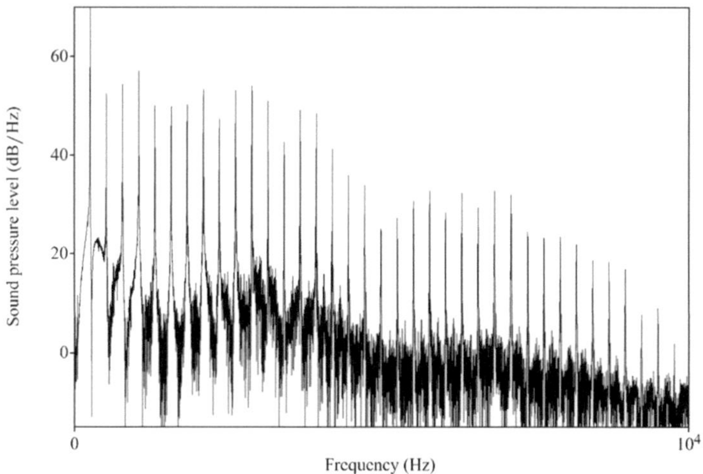

Abbildung 1b:
Intensitätsspektrum (dB) des „Oktav-D" (C4) auf dem Tenorsaxophon (aus Praat)

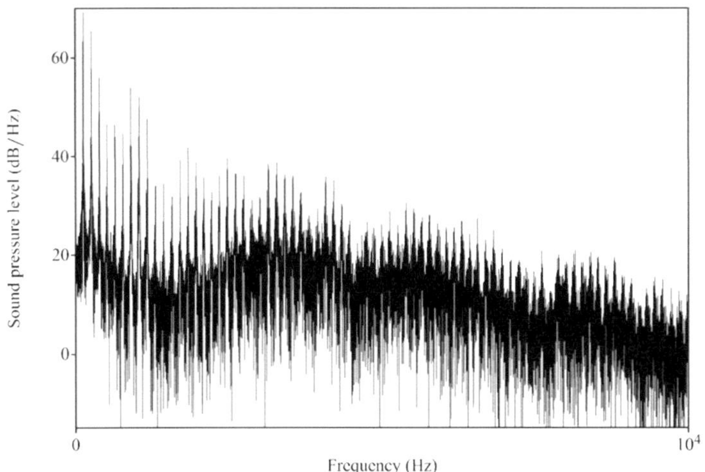

Abbildung 2:
Intensitätsspektrum (dB) des Subtones „tief D" (C3) auf dem Tenorsaxophon (aus Praat)

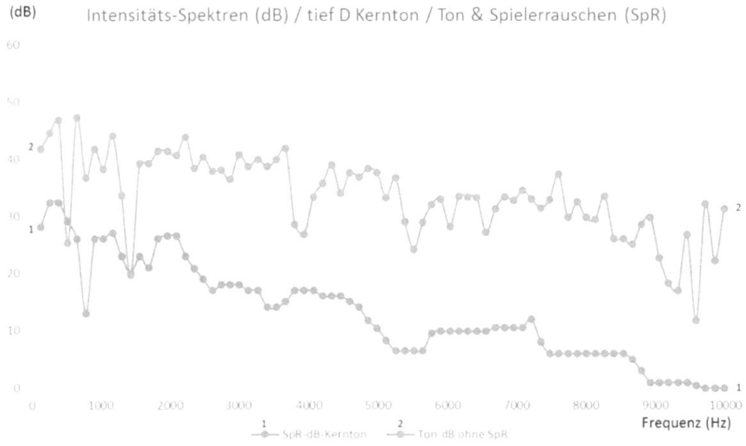

Abbildung 3:
Vermessene frequenzabhängige Intensitätsspektren des „Grundtons & Obertöne" (Ton-dB ohne SpR) sowie des „Spielerauschens/SpR" (SpR-dB-Kernton) bei „tief D" gespielt als Kern-/Vollton

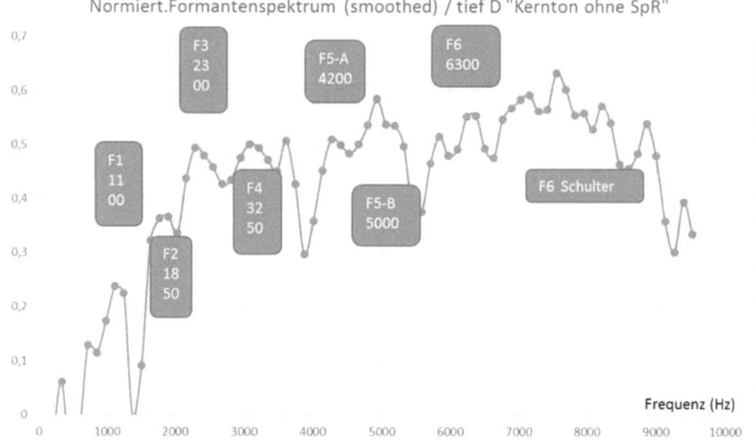

Abbildung 4:
Normiertes Formantenspektrum (geglättet) von „tief D" Kernton ohne SpR und Darstellung der Formantenbänder mit abgeschätzten Maxima in Hz

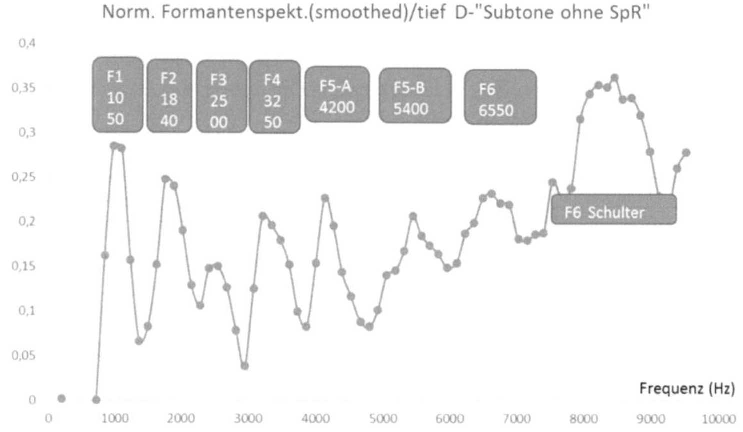

Abbildung 5:
Normiertes Formantenspektrum (geglättet) von „tief D" Subtone ohne SpR und Darstellung der Formantenbänder mit abgeschätzten Maxima in Hz

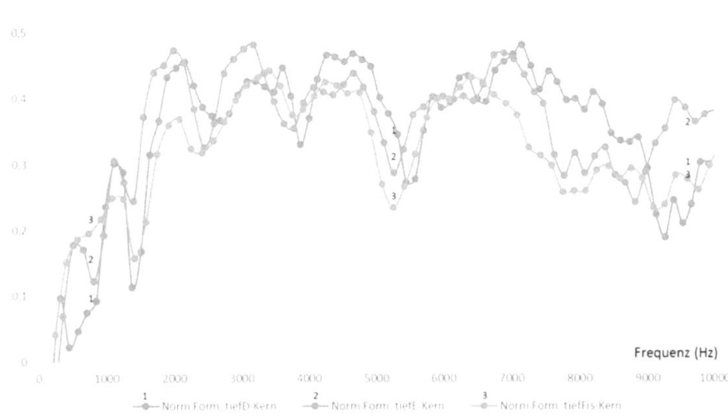

Abbildung 6a:

Normierte Formantenspektren von benachbarten Ganztönen (als Kerntöne gespielt) eines Saxophonspielers

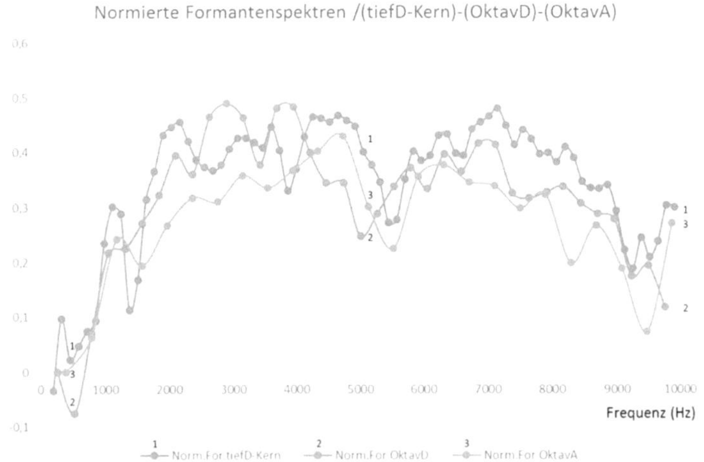

Abbildung 6b:

Normierte Formantenspektren von Tönen eines Saxophonspielers die einen Oktav- bzw. einen Duodezime-Abstand aufweisen (Grundton als Kernton gespielt)

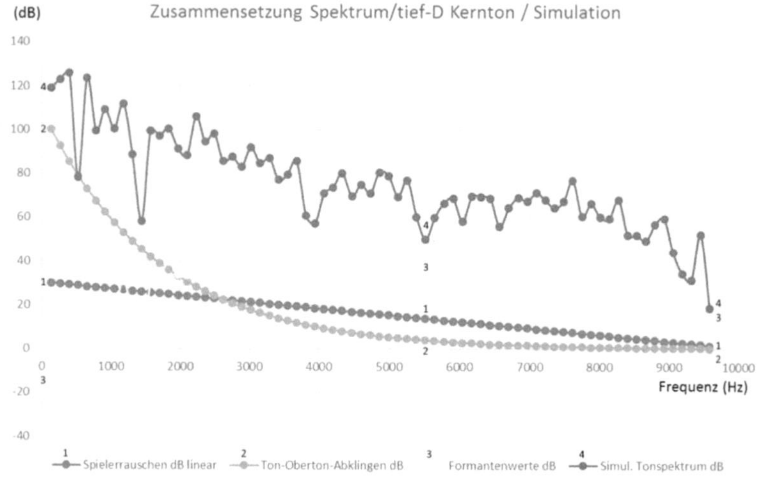

Abbildung 7a:

Darstellung der Zusammensetzung eines „Simulierten Intensitätsspektrum für tief-D Kernton" aus drei akustischen Komponenten (Oberton-Abklingfunktion, Rauschenspektrum, Formantenspektrum).

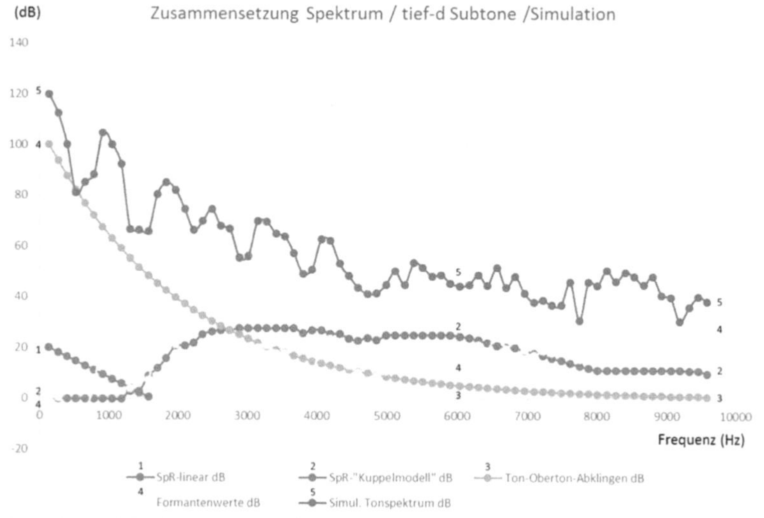

Abbildung 7b:

Darstellung der Zusammensetzung eines „Simulierten Intensitätsspektrum für tief-D Subtone" aus drei akustischen Komponenten (Oberton-Abklingfunktion, Rauschenspektrum, Formantenspektrum).

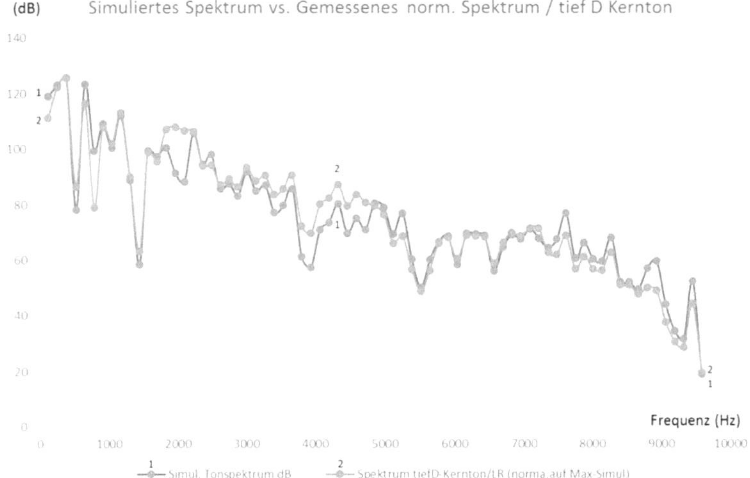

Abbildung 8a:

„Simuliertes Intensitätsspektrum für tief-D Kernton" und „Real gemessenes Intensitätsspektrum des tief-D Kernton" eines Tenorsaxophonspielers (Spektren auf gleiche Intensität normiert)

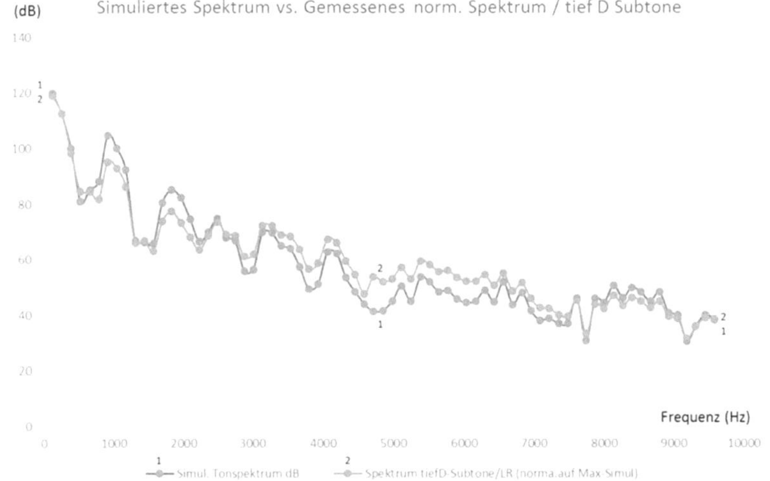

Abbildung 8b:

„Simuliertes Intensitätsspektrum für tief-D Subtone" und „Real gemessenes Intensitätsspektrum des tief-D Subtone" eines Tenorsaxophonspielers (Spektren auf gleiche Intensität normiert)

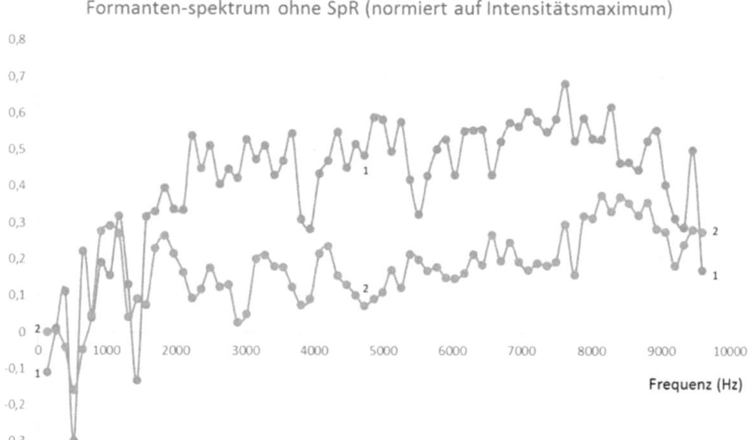

Abbildung 9:

Normierte Formantenspektren des „tief D" (bereinigt um das Spielerrauschen) gespielt als Subtone und Kernton (gleicher Saxophonspieler)

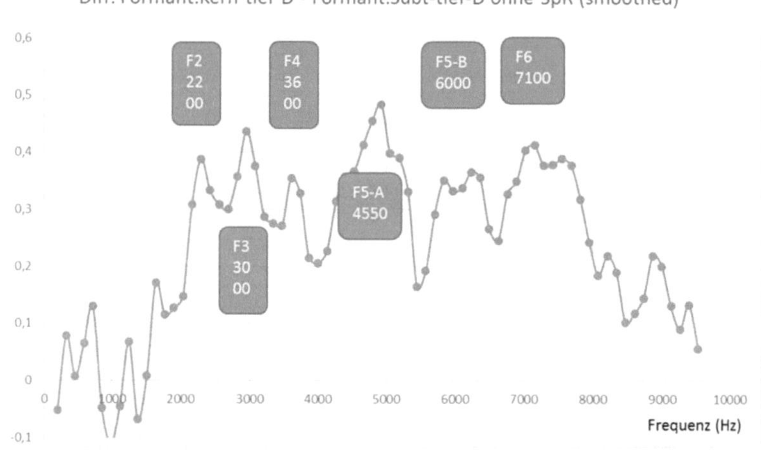

Abbildung 10:

Differenzspektrum (smoothed) der normierten Formantenspektren (ohne SpR) aus Abb. 9. / Subtone-Formantenspektrum subtrahiert vom Kernton-Formantenspektrum